BEI GRIN MACHT SICH IHR WISSEN BEZAHLT

- Wir veröffentlichen Ihre Hausarbeit, Bachelor- und Masterarbeit

- Ihr eigenes eBook und Buch - weltweit in allen wichtigen Shops

- Verdienen Sie an jedem Verkauf

Jetzt bei www.GRIN.com hochladen und kostenlos publizieren

Nora Schrader

Schülervorstellungen im Biologie-Unterricht. Das Modell der Didaktischen Rekonstruktion (MDR)

Bibliografische Information der Deutschen Nationalbibliothek:

Die Deutsche Bibliothek verzeichnet diese Publikation in der Deutschen Nationalbibliografie; detaillierte bibliografische Daten sind im Internet über http://dnb.d-nb.de/ abrufbar.

Dieses Werk sowie alle darin enthaltenen einzelnen Beiträge und Abbildungen sind urheberrechtlich geschützt. Jede Verwertung, die nicht ausdrücklich vom Urheberrechtsschutz zugelassen ist, bedarf der vorherigen Zustimmung des Verlages. Das gilt insbesondere für Vervielfältigungen, Bearbeitungen, Übersetzungen, Mikroverfilmungen, Auswertungen durch Datenbanken und für die Einspeicherung und Verarbeitung in elektronische Systeme. Alle Rechte, auch die des auszugsweisen Nachdrucks, der fotomechanischen Wiedergabe (einschließlich Mikrokopie) sowie der Auswertung durch Datenbanken oder ähnliche Einrichtungen, vorbehalten.

Impressum:

Copyright © 2013 GRIN Verlag GmbH
Druck und Bindung: Books on Demand GmbH, Norderstedt Germany
ISBN: 978-3-656-93743-2

Dieses Buch bei GRIN:

http://www.grin.com/de/e-book/295509/schuelervorstellungen-im-biologie-unterricht-das-modell-der-didaktischen

GRIN - Your knowledge has value

Der GRIN Verlag publiziert seit 1998 wissenschaftliche Arbeiten von Studenten, Hochschullehrern und anderen Akademikern als eBook und gedrucktes Buch. Die Verlagswebsite www.grin.com ist die ideale Plattform zur Veröffentlichung von Hausarbeiten, Abschlussarbeiten, wissenschaftlichen Aufsätzen, Dissertationen und Fachbüchern.

Besuchen Sie uns im Internet:

http://www.grin.com/

http://www.facebook.com/grincom

http://www.twitter.com/grin_com

Schülervorstellungen im Biologie-Unterricht. Das Modell der Didaktischen Rekonstruktion (MDR)

Eine Hausarbeit mit dem Fokus eines schüleransprechenden Biologieunterrichts

Nora Schrader

Inhaltsverzeichnis

1 Einleitung 1
2 Schülervorstellungen und wissenschaftliche Vorstellungen 2
    2.1 Erläuterung der Termini Schülervorstellungen und wissenschaftliche Vorstellungen . 2
    2.2 Die Bedeutung von Schülervorstellungen und wissenschaftlichen Vorstellungen im Unterricht 3
        2.2.1 Die *Conceptual-Change-Theorie* von Posner und Strike (1982) und die Kritik an diesem klassischen Ansatz 3
        2.2.2 Die Aufgaben von Schülervorstellungen und des Biologieunterrichts 5
        2.2.3 Das MDR 6
3 Die exemplarische Umsetzung des MDR beispielhaft am Unterrichtsthema „Ökosystem". 7
    3.1 Design 7
    3.2 Erfassung der Schülerperspektive 8
    3.3 Fachliche Klärung 9
    3.4 Beginn der didaktischen Strukturierung: Vergleich von Schüler- und wissenschaftlichen Vorstellungen 9
4 Diskussion der Relevanz des MDR im Biologieunterricht 10
    4.1 Aufbrechen routinemäßiger Unterrichtsstrukturen der Lehrkräfte 10
    4.2 Besseres Verständnis des Unterrichtsgegenstands 11
    4.3 Meinungs-/Vorstellungserweiterung der Lernenden 11
    4.4 Eventuelle Schwierigkeiten bei der Umsetzung 12
5 Fazit 13
6 Quellenverzeichnis 15

1 Einleitung

Die vorliegende Arbeit thematisiert die Bedeutung von Schülervorstellungen[1] im Unterricht und diskutiert mit Einbindung eines exemplarischen Themas, ob die Einbeziehung des Modells der Didaktischen Rekonstruktion (MDR)[2] im Biologieunterricht relevant sein könnte.

Um mit einem Zitat von Krüger (2007: 81) zu beginnen:

„Schüler betreten den Unterricht nicht als unbeschriebenes Blatt" (ebd.).

Die Aussage verdeutlicht, dass Schülerinnen und Schüler, bereits bevor sie im schulischen Kontext mit einem Thema konfrontiert werden, hierzu eine eigene Ansicht entwickelt haben. Der Hamburger Bildungsplan der gymnasialen Sekundarstufe I für Biologie sieht vor, dass die vor dem Unterricht gesammelten Erfahrungen der Lernenden als Anknüpfungspunkte für die wissenschaftlichen Inhalte des Biologieunterrichts betrachtet werden (vgl. Hamburger Bildungsplan 2011). Aktuelle empirische Forschungen belegen, dass der Einbezug von Schülervorstellungen bedeutsam für den Unterricht ist, da nur so nachhaltige Lernerfolge entstehen können (vgl. Born 2007). In Anlehnung an diese Sichtweise wurde das MDR von Kattmann und seiner Arbeitsgruppe entwickelt, das eine Möglichkeit für die praktische Umsetzung der Forschungsergebnisse bieten soll (vgl. Kattmann et.al. 1997). Es wird in vielen empirischen Arbeiten thematisiert, ist jedoch nicht fester Bestandteil der gängigen Unterrichtsplanung. Da es Tipps für die Unterrichtsstrukturierung beinhaltet, ist es für mich als angehende Biologielehrerin überlegenswert, dieses Modell zu verwenden.

Folgende Fragestellungen bilden das Grundgerüst dieser Arbeit: Wie hat sich die Bedeutung von Schülervorstellungen seit den 80er Jahren verändert? Ist die Einbeziehung des MDR im Biologieunterricht relevant?

Mit den gewählten Leitfragen wird das Thema erschlossen und der inhaltliche Rahmen abgesteckt: Einleitend erörtere ich im zweiten Kapitel theoretische Grundlagen. Die Termini Schülervorstellungen und wissenschaftliche Vorstellungen werden definiert (vgl. Abschnitt 2.1). Die *Conceptual-Change-Theorie* von Posner und Strike (1982) sowie die Abwendung von diesem klassischen Ansatz ist Thema des Abschnittes 2.2.1. Anschließend erfolgt die Darstellung der wissenschaftlich ersichtlich gemachten Relevanz von Schülervorstellungen im Unterricht (vgl.

---

[1] Unter Schülervorstellungen verstehe ich die unterschiedlichen Ansichten und Erfahrungen von SuS[3] zu einem bestimmten Lerngegenstand - und zwar noch bevor dieser Gegenstand als Lernstoff im Unterricht behandelt worden ist.
[2] Die Abkürzung wird im Folgenden für das Modell der Didaktischen Rekonstruktion verwendet.

Teilkapitel 2.2.2). Das MDR wird im Abschnitt 2.2.3 erläutert und ist im nachfolgenden Teil der Hausarbeit auf eine konkrete Unterrichtssituation am Beispiel des Stoffes „Ökosystem" bezogen (vgl. Kapitel 3). Die praktische Anwendung des MDR liefert Anhaltspunkte für die Diskussion der möglichen Relevanz des MDR für den Biologieunterricht (vgl. Kapitel 4). Die Arbeit schließt mit einem Fazit ab (vgl. Kapitel 5).

2 Schülervorstellungen und wissenschaftliche Vorstellungen

2.1 Erläuterung der Termini Schülervorstellungen und wissenschaftliche Vorstellungen

Von Geburt an setzen sich Menschen mit ihrer Umwelt auseinander. Sie sammeln individuelle Erfahrungen und entwickeln Vorstellungen sowie Erwartungen (vgl. Born 2007: 46ff.), die sich mehreren Bezugsrahmen verdanken:

> Diese Vorstellungen stammen aus alltäglichen Sinneserfahrungen, aus alltäglichen Handlungen, aus der Alltagssprache, aus den Massenmedien, aus Büchern, aus Gesprächen mit Eltern, Geschwistern, Freunden (Duit 1992: 47).

Diese Alltagsvorstellungen werden auch als Schülervorstellungen, vorunterrichtliche Vorstellungen, Präkonzepte oder - hauptsächlich in den 80er Jahren - einseitig als Fehlvorstellungen bezeichnet (vgl. Barke 2006: 21f.). Combe/Gebhard (2007: 63ff.) hingegen verwenden nicht den Terminus Alltagsvorstellung, sondern sprechen von Alltagsphantasien. Sie vertreten die Auffassung, dass einige individuelle Sinnenwürfe nicht ausschließlich als Resultat des Nachdenkens anzusehen sind, sondern einen vorrationalen und vorreflexiven Charakter haben (vgl. Born 2007: 69ff.). Um diese Besonderheit hervorzuheben, bevorzugen Combe/Gebhard (2007: 63ff.) den Ausdruck Alltagsphantasie, der eine besondere Form der Alltagsvorstellung ist. Im Folgenden dient der Terminus Schülervorstellung für die Bezeichnung vorunterrichtlicher Schüleransichten zu einem Lerngegenstand.

Im Gegensatz zu Schülervorstellungen, die Schülerinnen und Schüler mit in den Unterricht bringen, entstammen wissenschaftliche Konzepte nicht alltäglichen Erfahrungen. Nach Born (2007: 56f.) werden sie „durch bestehende wissenschaftliche Beweisführungen"[3] kategorisiert. Diese sind Bestandteile der Rahmen- und Lehrpläne. Daher werden Lernende im Unterricht mit bestehenden wissenschaftlichen Vorstellungen konfrontiert. Des Weiteren bedürfen letztere bewusster Aufmerksamkeit, sind überkulturell gültig, situationsunabhängig und durch

---

[3] Wissenschaftliche Beweisführungen sind nach Born (2007: 56f.) z.B. „wissenschaftliche Regeln, Gesetze oder Definitionen".

Objektivität[4] gekennzeichnet. Demgegenüber steht die bereits angesprochene personen- sowie situationsbezogene Gültigkeit und Subjektivität[5] der Schülervorstellungen (vgl. Born 2007: 56ff.). Borns (ebd.) Auffassung von wissenschaftlichem Wissen entspricht nur noch bedingt dem Stand heutiger Wissenschaftstheorien.[6] Der Terminus wird weitaus komplexer diskutiert, da sich die Einsicht durchsetzt, dass selbst in den Naturwissenschaften subjektive, kulturspezifische, soziale, historische, ökonomische und politische sowie zum Teil selbst religiöse Aspekte eine mehr als marginale Rolle beim Prozess der Erkenntnisgewinnung spielen (vgl. Kuhn et. al. 1996; Radecke/Teufel 2010). Da die Diskussion von wissenschaftlichem Wissen den Rahmen dieser Hausarbeit sprengt, werden unter dem Begriff der wissenschaftlichen Vorstellung die bestehenden wissenschaftlichen Auslegungen zu Unterrichtsthemen verstanden.

2.2 Die Bedeutung von Schülervorstellungen und wissenschaftlichen Vorstellungen im Unterricht

Welche Bedeutung beide Vorstellungsarten im Unterricht hatten bzw. haben, wird im nachfolgenden Kapitel aufgezeigt.

2.2.1 Die *Conceptual-Change-Theorie* von Posner und Strike (1982) und die Kritik an diesem klassischen Ansatz

Conceptual Change bedeutet Veränderung von Konzepten, das heißt, die Veränderung von gedanklichen Vorstellungen beziehungsweise des begrifflichen Verständnisses (vgl. Möller 2007: 259). 1982 entstand die *Conceptual-Change-Theorie* von Posner und Strike, die für die Lehr- und Lernforschung bedeutsam war. Sie ist psychologisch fundiert und fokussiert die Frage, „unter welchen Bedingungen damit zu rechnen ist, dass ein Wechsel von Alltagsvorstellungen zu fachwissenschaftlich begründeten Vorstellungen vollzogen wird" (Krüger 2007: 81). Posner und Strike (ebd.) greifen in Anlehnung an Piagets Auffassungen zur kognitiven Entwicklung eines Kindes die Begriffe Akkomodation und Assimilation auf. Unter Assimilation wird eine Wissenserweiterung oder -veränderung verstanden, die auf Grundlage bereits bestehender Konzepte die intensive Auseinandersetzung wissenschaftlicher Aussagen umschließt. Akkomodation beinhaltet das Ersetzen beziehungsweise die Umorganisation bestehender Vorstellungen. Sind bereits vorhandene Ansichten nicht mit den wissenschaftlichen Inhalten in Einklang zu bringen, muss eine grundlegende Veränderung erfolgen, die auf einem kognitiven

---

[4] Wissenschaftliche Vorstellungen werden nach Born (2007: 56f.) als systematisch, transparent und konsistent bezeichnet.
[5] Subjektivität bedeutet hier, dass Schülervorstellungen als unsystematisch und teilweise inkonsistent gelten (vgl. ebd.).
[6] Meines Erachtens stellt Born (2007: 56ff.) einen insgesamt eher unkritischen Begriff von wissenschaftlichem Wissen dar. Diese einfache Gegenüberstellung von subjektiv im Sinne von vorreflexiv und irrational bzw. objektiv im Sinne von systematisch, logisch, argumentativ richtig, allgemeingültig etc. lässt sich heute aus wissenschaftstheoretischer Perspektive schlichtweg nicht mehr halten (vgl. Kuhn et. al. 1996; Radecke/Teufel 2010).

Konflikt zwischen beiden basiert. Posner und Strike (ebd.) weisen darauf hin, dass hierbei ein Konzeptwechsel nur stattfindet, wenn bestimmte Bedingungen erfüllt werden: Unzufriedenheit mit alten Vorstellungen, Verständlichkeit des neuen Konzepts, vermehrte Plausibilität der neuen Vorstellung gegenüber der bisherigen und Fruchtbarkeit, das heißt, dass die fachwissenschaftliche Idee ausbaufähiger und in weiteren Bereichen anwendbar ist als die vorherige (vgl. Krüger 2007: 81-88).

Die *Conceptual-Change-Theorie* von Posner und Strike (ebd.) bezieht das Verschwinden alter Vorstellungen mit ein (vgl. ebd.: 81ff.).[7] Aktuelle Forschungsergebnisse dagegen belegen, dass Schülervorstellungen nicht eliminiert werden können, sondern als Alternativstrukturen neben den neuen bestehen bleiben (vgl. Kattmann et.al. 1997: 6). Sie haben beispielsweise im Alltag eine relevante und der jeweiligen Situation angemessene Funktion und sind in diesem Zusammenhang durchaus richtig beziehungsweise sinnvoll (vgl. Gebhard 1999b: 90-94). Da sie sich in lebensweltlichen Kontexten bewähren, sind sie bei den Lernenden tief verwurzelt; Schülerinnen und Schüler lassen sich diesbezüglich nur schwierig von anderen Vorstellungen überzeugen. Bestenfalls kann es zu einer leichten Veränderung von Schülervorstellungen kommen. Daher wurde die *Conceptual-Change-Theorie* von Posner und Strike (ebd.) angezweifelt, kritisiert und weiterentwickelt (vgl. Krüger 2007: 86-90). Es wird zum Beispiel von Anhängern des Konstruktivismus bemängelt, dass affektive, motivationspsychologische und soziale Komponenten nicht berücksichtigt werden. Hinsichtlich dieser Aspekte und der Konsistenz von Schülervorstellungen entstanden weitere Ansätze des *Conceptual Change*, die zwar von der prinzipiellen Möglichkeit einer Vorstellungsveränderung ausgehen, die Annahme einer Eliminierung von Schüleransichten jedoch fallen gelassen haben (vgl. Kattmann et.al.1997: 6ff.).

Letztendlich stellt sich die Frage nach einer der aktuellen Forschung gemäßen Präsentation beziehungsweise Vermittlung von Unterrichtsgegenständen im Biologieunterricht. Das beschreibt das MDR (vgl. Abschnitt 2.2.3), das den führenden Ansätzen des *Conceptual Change* in den meisten Bereichen entspricht.[8]

Bevor das MDR näher betrachtet wird, ist eine weitere Erklärung, weshalb Schülervorstellungen im Unterricht bedeutsam sind, notwendig. Der Fokus liegt hierbei auf dem Biologieunterricht.

---

[7] Das wird insbesondere beim Prozess der Akkomodation deutlich. Passen die Präkonzepte nicht zu den wissenschaftlichen Inhalten, soll zwar kein abrupter Wechsel erfolgen, letztendlich aber ein radikaler Vorstellungswandel (vgl. ebd.).
[8] Welche konkreten Gemeinsamkeiten und Unterschiede zwischen dem MDR und den führenden Ansätzen des *Conceptual Change* bestehen, ist nicht Bestandteil dieser Arbeit. Daher verweise ich auf Kattmann et.al. 1997.

2.2.2 Die Aufgaben von Schülervorstellungen und des Biologieunterrichts

Combe/Gebhard (2007: 62) formulieren die Aufgabe von Schülervorstellungen im Unterricht wie folgt:

> Die pädagogische bzw. didaktische Annahme ist, dass Lernprozesse dann erfolgreicher, effizienter und sinnvoller sind, wenn der alltägliche, subjektivierende, intuitive, symbolische Zugang zu den Phänomenen im Unterricht nicht nur geduldet, sondern zum Gegenstand expliziter Reflexion gemacht wird (ebd.: 62).

Folglich sollen die Schülerinnen und Schüler eigenständiges Denken lernen. Dazu gehört auch, ihr Vorwissen zum Gegenstand ihres Nachdenkens zu machen. Wünschenswert ist es, eine Stärkung der subjektiven Dimension des Wissens und der Wissensaneignung, nicht eine funktionale Ersetzung privater Meinungen durch objektive Vorstellungen zu erreichen. Dementsprechend sollten in der Unterrichtsumsetzung Schülervorstellungen und fachwissenschaftliche Inhalte gleichrangig beachtet und somit Stoffauswahl sowie inhaltliche Schwerpunktsetzungen nicht nur an den Rahmenbedingen (Lehrplan), sondern auch an der aktuellen Lebenswelt der Schülerinnen und Schüler ausgerichtet werden (vgl. Born 2007: 33f.). Der Hamburger Rahmenplan der gymnasialen Sekundarstufe I für Biologie (2011) versteht Schülervorstellungen hierbei als Anknüpfungspunkte zum Weiterlernen:

> Der Biologieunterricht knüpft an die Erfahrungen der Schülerinnen und Schüler sowie an aktuelle Probleme des Alltags an; er verbindet auf diese Weise den Unterricht mit ihrer Lebenswelt.
> Gestaltung und Arbeitsweisen des Biologieunterrichts fördern individuelle Neigungen der Schülerinnen und Schüler und versuchen, ihr Interesse an der Biologie über den Anfangsunterricht hinaus zu erhalten und zu verstärken (ebd.).

Des Weiteren erläutert der Rahmenplan die Aufgaben des Biologieunterrichts, die in der Vermittlung von fachlichen sowie überfachlichen Kompetenzen bestehen. Letztere stellen ein über- beziehungsweise vorgeordnetes Gesamtziel schulischer Erziehung dar. Unter die erstere Kategorie fällt zum Beispiel das Verhelfen zu einem Orientierungswissen, worunter verstanden wird, dass damit Schülerinnen und Schüler auch außerhalb des Klassenraums in die Lage versetzt werden, der Natur gegenüber verantwortungsbewusste Entscheidungen zu treffen. Überfachliche Kompetenzen beschreiben unter anderem, dass Schülerinnen und Schüler lernen sollen, selbstkritisch zu sein, eigene Meinungen zu vertreten und sich in Konflikten angemessen zu verhalten (vgl. ebd.).

Ziel des Biologieunterrichts ist es letztendlich, „eine systematische und vernetzte Wissensstruktur bei den Schülerinnen und Schülern (…) aufzubauen" (Born 2007: 32). Wird im Unterricht der Zusammenhang von wissenschaftlichen Inhalten und der eigenen Lebenswelt nicht hergestellt, führt dies auf Seiten der Lernenden zu Interessenverlust, Abwahl des Faches und zu keinen nachhaltigen Lernerfolgen (vgl. ebd.: 33f.).

In Anlehnung an diese Auffassungen wurde das MDR entwickelt, welches im folgenden Abschnitt erläutert ist.

2.2.3 Das MDR

Kattmann, Gropengießer, Duit und Komorek erarbeiteten das MDR im Oldenburger Institut für Biologiedidaktik (vgl. Universität Oldenburg 2012). Es steht mit verschiedenen Theorien, wie mit den neueren Ansätzen des *Conceptual Change* in Verbindung (vgl. Abschnitt 2.2.2). Das MDR gilt als „Rahmen für fachdidaktische Forschungsarbeiten (…) und zielt auf eine Optimierung des Lehrens und Lernens bestimmter Inhaltsbereiche ab" (Kattmann/Gropengießer 1996: 182). Es geht der Frage nach, „wie bestimmte Inhaltsbereiche sinnvoll und fruchtbar unterrichtet werden können" (Gropengießer 1997: 14). Somit gilt es als Ausgangspunkt für die Unterrichtsplanung und -durchführung. Bei dem MDR handelt es sich um ein „fachdidaktisches Triplett", das aus den Komponenten „fachliche Klärung", „Erfassen von Lernerperspektiven" und der „didaktischen Strukturierung" gebildet wird. Die zwei erstgenannten Termini sind hierbei gleichrangige Komponenten. Zwischen allen drei bestehen Wechselwirkungen, auf die nachfolgend Bezug genommen wird (vgl. Kattmann/Gropengießer 1996: 183).

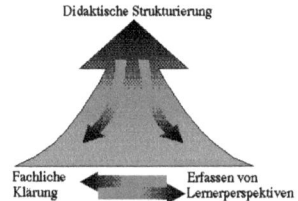

Abb.1: Das Modell der didaktischen Rekonstruktion

(http://www.uni-oldenburg.de/uploads/RTEmagicC_c2717a80a4.gif.gif)

Die *fachliche Klärung* meint die am Rahmenplan der jeweiligen Klassenstufe orientierte spezifische Zusammenstellung von fachwissenschaftlichen Aussagen, Theorien, Termini und Methoden zu einem Lerngegenstand (vgl. Kattmann et.al. 1997: 10f.).

Die *Erfassung von Lernerperspektiven* besteht in einer Klärung der Ansichten der SuS zu dem jeweiligen Thema (vgl. ebd.: 11ff.).

Die *didaktische Strukturierung* umfasst den Vergleich sowie die Vermittlung der eben genannten Komponenten. Zwischen beiden sollen letztendlich systematische und strukturierte Beziehungen aufgebaut werden. Durch den Rückbezug zu Schülervorstellungen erfolgt die

Konstruktion des Unterrichtsgegenstands. Es ist hierbei nicht auszuschließen, dass inhaltlich neue Schwerpunkte gesetzt und weitere Schülervorstellungen einbezogen werden müssen (vgl. ebd.: 4-15).

3 Die exemplarische Umsetzung des MDR beispielhaft am Unterrichtsthema „Ökosystem"

Als angehende Biologielehrerin bin ich daran interessiert, meinen Unterricht auf die Bedürfnisse der Schülerinnen und Schüler abzustimmen und ihre Vorstellungen mit einzubeziehen. Nur auf diese Art und Weise sind ein nachhaltiger Lernerfolg und ein bleibendes Interesse am Fach zu gewährleisten (vgl. Abschnitt 2.2.2). So motiviert, erstelle ich im Folgenden exemplarisch eine Umsetzung des MDR zur Einführung des Themas „Ökosystem" in den Biologieunterricht.[9] Das ausgewählte Unterrichtsthema ist laut Hamburger Rahmenplan (2011) Bestandteil des Biologieunterrichts in der Mittel- und Studienstufe. Bis zum Ende der Klasse 8 müssen bestimmte Kriterien erfüllen werden. Hier zwei Beispiele: Die Schülerinnen und Schüler

> • ermitteln mithilfe geeigneter Bestimmungsliteratur im Ökosystem häufig vorkommende Arten.
> • entwickeln Fragestellungen zur Veränderung von Ökosystemen und begründen Hypothesen (ebd.)

An dieser exemplarischen Umsetzung des MDR kann die im vorigen Abschnitt beschriebene Ausrichtung des Modells veranschaulicht werden; ebenfalls lassen sich somit weitergehende Überlegungen bezüglich der Konstruktion eines Unterrichtsgegenstands generieren und diskutieren (vgl. Kapitel 4).

Für die *Erfassung von Lernerperspektiven* habe ich eine nicht repräsentative Befragung einer Schülerin vorgenommen, die im Folgenden erläutert wird.

3.1 Design

Für eine Probandin habe ich ein halboffenes Interview strukturiert. Die Befragung orientiert sich an Leitfragen[10], die jedoch wie Frage 4 Raum für eigene Erfahrungsbeschreibungen geben. Die Probandin ist 12 Jahre alt und besucht aktuell die 7. Klasse eines Hamburger Gymnasiums. Sie

---

[9] Auf Grund der Kürze dieser Arbeit ist es hierbei nicht möglich, eine komplett strukturierte Unterrichtseinheit zu entwickeln, oder ein weit angelegtes Studiendesign durchzuführen und die Schülervorstellungen vieler Personen zu berücksichtigen. Auch werden weitere Faktoren, die den Lernprozess beeinflussen, wie z. B. Motivation, Interesse, Sinnerleben, nicht berücksichtigt. Hierbei verweise ich auf Monetha (2006).
[10] Der Fragenkatalog mit den Antworten der Probandin ist in Abschnitt 3.1 aufgeführt.

wurde im Biologieunterricht schon mit Lebensräumen verschiedener Arten konfrontiert. Nach eigenen Aussagen erstellte sie im Unterrichtsfach Naturwissenschaft und Technik in der fünften und sechsten Klasse Steckbriefe von Säugetieren mit Beschreibung der für sie charakteristischen Lebensräumen. Die Schülerin hat sich im Unterricht noch nicht speziell mit dem Thema Ökosystem auseinandergesetzt. Trotzdem stellt sie sich unter dem Terminus etwas Konkretes vor.[11]

In Abschnitt 3.2 werden Schülervorstellungen zu ausgewählten Fragen aufgegriffen, die sich auf für eine Themeneinführung geeignete Aspekte beziehen.

3.2 Erfassung der Schülerperspektive

Im Folgenden sind die gestellten Fragen mit den Antworten beziehungsweise Vorstellungen der Probandin versehen:

Frage 1: Was stellst du dir unter einem Ökosystem vor?
Antwort: -ein Ort, dort gibt es Leben
Frage 2: Wo gibt es Ökosysteme?
Antwort: -in der Natur, also eher nicht so in der Stadt
Frage 3: Was gibt es denn in einem Ökosystem?
Antwort: -Tiere, Bäume, Pflanzen
Frage 4: Wie findest du Ökosysteme? Welche Erfahrungen hast du damit?
Antwort: -Ich war mit meinem Vater im Wald. Dort können viele Tiere ungestört leben. Da sind ja kaum Menschen. In der Stadt haben sie gar keinen Platz. Das find ich gut, dass sie im Wald zu Hause sind.
-Danke für die Beantwortung der Fragen.

Im nächsten Abschnitt findet sich eine Auflistung der Kernaussagen fachwissenschaftlicher Inhalte, orientiert an den Fragen, die der Probandin gestellt wurden.

---

[11] Das fasse ich nicht als selbstverständlich auf, da ich es aus meiner eigenen Schulzeit anders gewohnt bin. Es stellte sich nach dem Gespräch heraus, dass der Vater Biologe ist und den Begriff seiner Tochter gegenüber öfters erwähnt, aber wohl noch nicht explizit erklärt hat.

3.3 Fachliche Klärung

Zu Frage 1: Unter einem Ökosystem wird die Biozönose[12] von Tieren und Pflanzen (biotische Komponenten[13]) in ihrem Biotop[14] zusammen mit abiotischen[15] Faktoren verstanden. Ökosysteme gelten als selbstständige Lebensgemeinschaften, die durch einen geschlossenen Kreislauf gekennzeichnet sind (vgl. Stockley et.al. 2007: 9).

Zu Frage 2: Es handelt sich um „Naturräume", die weltweit vorkommen und klassifiziert werden. Beispielsweise gibt es terrestrische Ökosysteme, die unter anderem Wüsten, Steppen und Wälder umfassen. Aquatische Ökosysteme bezeichnen stehende oder fließende Gewässer sowie marine Vorkommen wie Meere, Korallenriffe und Salzwiesen (vgl. Hangartner 2002: 26; Campbell et.al. 2010: 146-155). Ebenso existiert das Ökosystem Stadt, welches sich vom Umland durch seine spezifischen Gegebenheiten unterscheidet (vgl. Hiepe et.al. 2006: 320).

Zu Frage 3: Siehe Frage 1. In einem Ökosystem sind biotische sowie abiotische Komponenten anzutreffen, die miteinander in Wechselwirkung stehen (vgl. Stockley et.al. 2007: 9ff.).

Zu Frage 4: Einerseits ist die Vielfalt von Ökosystemen bedeutsam für die biologische Vielfalt. Es gibt Arten, die an bestimmte Ökosysteme gebunden sind, wie Meerestiere, die nicht ohne evolutionäre Veränderungen in die Wüste umsiedeln könnten. Gleichzeitig sind spezifische Organismen für Ökosysteme wichtig, da sie für das Ökosystem stabilisierende Funktionen erfüllen und den geregelten Kreislauf aufrecht erhalten. Im Wald fressen zum Beispiel Ameisen Borkenkäfer. Gäbe es erstere nicht, würden sich letztere ungehindert vermehren und das ökologische Gleichgewicht stören (vgl. Bundesamt für Naturschutz o.J.).

Im folgenden Abschnitt wird der Vergleich von Schüler- und wissenschaftlichen Vorstellungen beschrieben.

3.4 Beginn der didaktischen Strukturierung: Vergleich von Schüler- und wissenschaftlichen Vorstellungen

Bei der Beantwortung der ersten Frage wird deutlich, dass die Aussage der Schülerin eher auf die Definition eines Biotops zutrifft. Trotzdem ist ihre Äußerung in Bezug auf den Terminus Ökosystem nicht grundlegend falsch, müsste jedoch um das Vorkommen der abiotischen

---

[12] Eine „Biozönose" bezeichnet alle Tiere und Pflanzen in ihrem Biotop (vgl. Stockley et.al. 2007: 9).
[13] „Biotisch" bedeutet belebt (vgl. ebd.).
[14] Ein „Biotop" ist ein Lebensraum von mehreren oder einzelnen Lebewesen (vgl. ebd.).
[15] „Abiotisch" bezeichnet unbelebte Faktoren. Diese können z.B. Gestein, Boden oder die Luft umfassen (vgl. ebd).

Faktoren und die Begriffe Biozönose und Biotop erweitert werden, damit eine klare Differenzierung gewährleistet ist.

Betrachtet man die Inhalte der zweiten Antwort stellt sich heraus, dass die Schülerin den Begriff des Ökosystems mit dem der Natur verbindet, was durchaus richtig ist. Ihre Aussage „eher nicht so in der Stadt" zeigt, dass ihr ein Ökosystem Stadt unbekannt ist. Vermutlich weiß sie auch nicht, welche Arten von Ökosystemen existieren. Diese Aspekte sollten im Unterricht thematisiert werden.

Die Antworten der Schülerin zu Frage 3 beziehen sich auf biotische Faktoren. Hier sollte eine Anknüpfung zu abiotischen Komponenten erfolgen.

Die Schülerin zielt im vierten Punkt mit ihrer Äußerung auf die Tatsache ab, dass Ökosysteme für Tierarten relevant sind. Gleichzeitig sollte ihr Wissen im Zuge des Unterrichts auf weitere bedeutsame Punkte eines Ökosystems ausgeweitet werden, wie zum Beispiel auf das ökologische Gleichgewicht und die Artenvielfalt.

Konkrete Ideen für die Konstruktion eines Unterrichtsgegenstands sind in der Diskussion enthalten (vgl. Kapitel 4).

4 Diskussion der Relevanz des MDR im Biologieunterricht

4.1 Aufbrechen routinemäßiger Unterrichtsstrukturen der Lehrkräfte

Nach Höttecke (2007: 327) ist die Rolle von Lehrkräften im MDR nicht explizit beschrieben. Es wäre jedoch zu wünschen, wenn sich diese am MDR orientieren. So würde das fachdidaktische Denken sowie das Reflexionsverständnis der Lehrkräfte gefördert und dem routinemäßigen „Unterrichtstrott" vorgebeugt werden. Lehrkräfte haben oftmals ihre eigenen Vorstellungen bezüglich eines guten Unterrichts (vgl. ebd.: 327). Hierbei besteht die Gefahr, den Biologieunterricht für die Vermittlung reiner Fakten ohne den Einbezug von Schülervorstellungen zu verwenden. Wie in Abschnitt 2.2.2 angesprochen, führt so ein Unterricht zu Interessensverlust und zu keinen nachhaltigen Lernerfolgen. Viele Schülerinnen und Schüler würden sich gedrängt fühlen, ihre Vorstellungen im Biologieunterricht auszublenden und die fachlichen Inhalte ohne tiefgreifendes Verständnis anzunehmen. Folgten jedoch Lehrkräfte dem MDR, so könnten sie dem entgegen wirken, da dieses Modell konkrete Anhaltspunkte für die Konstruktion eines Unterrichtsgegenstands liefert, die sich nicht nur an fachwissenschaftlichen Inhalten, sondern auch am Vorwissen der Schülerinnen und Schüler orientieren. Um in das Thema der Unterrichtseinheit Ökosystem einzusteigen, eignen sich die aus dem Vergleich von Schüler- und wissenschaftlichen Vorstellungen resultierenden Erkenntnisse für die Unterrichtsplanung (vgl. Kattmann et.al. 1997: 1-15). Hierbei zeigt sich am Beispiel Ökosystem bei allen vier Fragen, dass die Präkonzepte der Schülerin nicht fehlerhaft oder konträr zu fachlichen Konzepten sind, aber ausgeweitet werden sollten. Somit dienen sie als Anknüpfungspunkte zum Weiterlernen. Hierbei dürfen Schüleransichten grundsätzlich nicht als falsch oder abwertend dargestellt, sondern den Lernenden sollte deutlich gemacht werden, dass es zwei unterschiedliche Arten von Vorstellungen gibt, die im Unterricht gleichberechtigt einfließen.

4.2 Besseres Verständnis des Unterrichtsgegenstands

Wie in Abschnitt 2.2.2 angesprochen, ist der Bezug zur eigenen Lebenswelt für einen nachhaltigen Lernerfolg und ein besseres Verständnis des Unterrichtsgegenstands unerlässlich. Das MDR beinhaltet diese Ansicht, weil es in Anlehnung daran entwickelt wurde und ermöglicht somit die praktische Umsetzung der aktuellen Forschungsergebnisse hinsichtlich der gleichrangigen Beachtung von Schüler- und wissenschaftlichen Vorstellungen im Unterricht. Diesbezüglich ist es vorstellbar, eine Exkursion in ein „Naturlehrzentrum"[16] durchzuführen und die SuS nach einer theoretischen Einführung mit Einbezug ihrer Lebenswelt in der Praxis mit einem Ökosystem vertraut zu machen. Das trägt dazu bei, das Erlernte sinnvoll anzuwenden und in der realen Welt verantwortungsbewusst zu handeln, wie es die fachlichen Kompetenzen beschreiben (vgl. Teilkapitel 2.2.2). In Folge dessen könnte ein besseres und nachhaltigeres Verständnis des Unterrichtsgegenstands und der Aufbau einer systematischen Wissensvernetzung erzielt werden. Wird der Biologieunterricht somit für die Schülerinnen und Schüler interessanter gestaltet, ist es denkbar, dass in diesem Bereich auch eine spätere berufliche Ausrichtung erfolgt.

4.3 Meinungs-/Vorstellungserweiterung der Lernenden

So wie die 12-jährige Schülerin in meinem Interview wird jeder Mensch täglich mit neuem Wissen konfrontiert, sei es im Zuge der Kommunikation mit Mitmenschen oder durch die Medien. Oftmals erfolgt die Wissensverbreitung nicht neutral und fachlich inkorrekt. Das ist jedoch vielen Menschen nicht bewusst und auf Grund der Fülle an ständig neuen Informationen scheint es unmöglich, das aufgenommene Alltagswissen zu hinterfragen. In Folge dessen wird eine in der Öffentlichkeit etablierte Meinung angenommen und nicht durch neue Konzepte erweitert. Das

---

[16] In Hamburg bietet zum Beispiel der NABU verschiedene Projekte zur Umweltbildung an, die speziell auf Schülerinnen und Schüler ausgerichtet sind (vgl. Naturschutzbund Deutschland 2013).

MDR setzt hier an und fördert in Folge der Verknüpfung von Schüler- und wissenschaftlichen Vorstellungen die Auseinandersetzung mit beiden Ansichten. Im Idealfall führt das zu einer nachhaltigen Vorstellungserweiterung. Im Unterricht könnte bei dem gegebenen Beispiel im Rahmen einer Auseinandersetzung mit einem Artikel zum Thema und unter Einbezug der erörterten Präkonzepte eine exakte Definition des Begriffs Ökosystems ausgearbeitet werden. Des Weiteren erscheint es möglich, mit Hilfe eines Films zum Thema und dem anschließenden Aufgreifen der Inhalte sowie der Verknüpfung zur eigenen Lebenswelt durch die Lehrkraft eine Vorstellungserweiterung zu erzielen. Durch dieses Vorgehen können Schülerinnen und Schüler im Gelingensfall erfahren, dass sie nicht auf eine bestimmte Ansicht beziehungsweise Vorstellung festgelegt sein müssen, sondern die Möglichkeit haben, sich kritisch mit ihren durch den Alltag geprägten Vorstellungen auseinanderzusetzen. Auch das Thema Vorurteile spielt in diesem Zusammenhang eine Rolle. Sie entstehen durch eine unzureichende Informierung und eine fehlende Auseinandersetzung mit bestehenden und unbekannten Ansichten. Daher sollte den Lernenden deutlich werden, dass es unerlässlich ist, Aspekte zu hinterfragen und eine offene, tolerante Einstellung gegenüber neuen Inhalten anzunehmen. Das alles trägt zu einer umfangreichen Meinungs- und Persönlichkeitsentwicklung bei, wie sie die überfachlichen Kompetenzen beschreiben, die für viele Lebensbereiche relevant ist (vgl. Abschnitt 2.2.2).

4.4 Eventuelle Schwierigkeiten bei der Umsetzung

Damit Lehrkräfte das MDR für ihren Unterricht nutzen, müssten sie von Didaktikern zunächst in das Modell eingeführt und davon überzeugt werden. Es ist fraglich, ob die äußeren Rahmenbedingungen es zulassen, sich intensiv mit Modellen der Didaktik zu befassen und diese für den Großteil der Schulstunden zu verwenden. Das würde einen erheblichen Mehraufwand an Vorbereitungszeit bedeuten, der sicherlich schwierig im ohnehin zeitlich knapp strukturierten Alltag zu involvieren ist. Die Verkürzung der gymnasialen Laufbahn auf acht Jahre führt dazu, dass Rahmenpläne kaum noch Platz für Spielräume zulassen. Der vorgegebene Stoff muss zügig durchgenommen werden. Ob hier bei jeder Unterrichtsstunde Zeit für die Aufnahme von Schülervorstellungen bleibt, ist fraglich. Auch stelle ich es mir fast unmöglich vor, auf die individuellen Vorstellungen jedes einzelnen Schülers oder jeder einzelnen Schülerin einzugehen. Wahrscheinlich müsste die Konstruktion des Unterrichtsgegenstands von der Mehrheitsansicht ausgehen und würde dann eventuell nicht jeden der Schülerinnen und Schüler erreichen. Des Weiteren frage ich mich, ob die in Teilkapitel 2.2.2 formulierten Ziele, wie zum Beispiel das einer „systematischen und vernetzten Wissensstruktur" und „das verantwortungsbewusste Handeln gegenüber der Natur" tatsächlich realistisch sind. Born (2007: 28ff.) beschreibt, dass das in der

Realität des Biologieunterrichts nicht umgesetzt werden kann.[17] Ich tendiere ebenfalls dazu, dass Schülerinnen und Schüler mehrheitlich außerhalb des Unterrichts auf Grund ihrer eigenen Präkonzepte handeln, da diese stark in ihnen verwurzelt sind und sich im Alltag bewähren (vgl. Kattmann et.al. 1997: 6ff.). So ist die Entsorgung von Abfällen außerhalb der hierfür vorgesehenen Behältnisse bei Jugendlichen nicht unüblich. Sie hinterlassen gerne an Waldrändern ihren Partymüll, da es ja „alle" so machen. Wünschenswert wäre es, die Lernenden im Zuge des Biologieunterrichts zu einem nachhaltigen Denken anzuregen. Ziel wäre es, in diesem Fall den Müll ordnungsgerecht zu entsorgen, um das Ökosystem nicht zu schädigen.[18] Auch wenn das MDR sich diesbezüglich für die Erstellung eines geeigneten Unterrichtgegenstands anbietet, werden die Präkonzepte und das alltägliche Handeln meistens nur wenig verändert (vgl. ebd.: 6ff.). Womöglich stößt hier das MDR an seine Grenzen.

5 Fazit

Insgesamt wird ersichtlich, dass Schülervorstellungen, angefangen von der klassischen *Conceptual-Change-Theorie* bis hin zum MDR, heutzutage eine größere Bedeutsamkeit als in den 80er Jahren erhalten und im Unterricht eine Position einnehmen sollten, die sich auf die Gleichrangigkeit zu wissenschaftlichen Inhalten definiert. Mit der Rollenzuweisung von Schülervorstellungen als Anknüpfungspunkte für fachwissenschaftliche Ansichten ist es wünschenswert, die subjektive Dimension des Wissens beziehungsweise der Wissensaneignung von Schülerinnen und Schülern zu stärken (vgl. Abschnitt 2.2.2). Das MDR eignet sich gut, um die aktuellen Forschungsergebnisse hinsichtlich der Beachtung von Schüler- und wissenschaftliche Vorstellungen im Unterricht in der praktischen Umsetzung zu verankern. Die Verwendung des MDR im Biologieunterricht ist somit vorteilhaft: Einerseits kann es Lehrkräfte daran hindern, einen auf reine Faktenvermittlung ausgerichteten Unterricht zu gestalten. Seitens der Schülerinnen und Schüler könnte es zu einem stärkeren und nachhaltigen Verständnis des Unterrichtsgegenstands und somit zu einem besseren Wissenschaftsverständnis führen. Die Zusammenhänge von Alltag und Biologie werden deutlich und ein systematischer Wissensaufbau könnte erfolgen. Die Verknüpfung von fachlichen Inhalten und Schülervorstellungen kann dazu führen, dass Lernende ihr bestehendes Wissen ausweiten und kritisch zu hinterfragen lernen. Im Zuge dessen könnte das zu einer umfangreicheren Meinungs- und Persönlichkeitsentwicklung und eventuell zu einem reflektierenden Umgang mit bestehenden Vorurteilen führen. Dieses

---

[17] Born (2007: 28ff.) bezieht sich beispielsweise auf die fehlende fächerübergreifende Arbeitsweise, mit der an vorhandenes Wissen aus anderen Fächern angeknüpft werden könnte.
[18] Wird der Müll am oder im Wald entsorgt, kommt es zu einer Verunreinigung des Bodens. Nehmen Wildtiere Plastikmüll auf, führt das zu gesundheitlichen Schäden. Auch Glasscherben bergen eine Verletzungsgefahr (vgl. Rotenburger Rundschau 2009).

Vorgehen, das die Umsetzung mehrerer der im Rahmenplan thematisierten Kompetenzen impliziert, erscheint jedoch auf Grund der an es geknüpften normativen Erwartungen überladen. Auch wenn eine bessere Wissensvermittlung dank MDR gelingt, ist damit nicht gesagt, dass dadurch gleichsam eine nachhaltigere ethisch-moralische Bildung der Jugendlichen einträte (vgl. Kapitel 4).

6 Quellenverzeichnis

Literaturverzeichnis

Barke, H.-D. (2006): *Chemiedidaktik. Diagnose und Korrektur von Schülervorstellungen*, Berlin: Heidelberg.

Born, B. (2007): *Lernen mit Alltagsphantasien. Zur expliziten Reflexion impliziter Vorstellungen im Biologieunterricht*, Wiesbaden: Verlag für Sozialwissenschaften.

Campbell, N. / Reece, J. / Smith, R.; T. (2010): *Biologie für die Oberstufe – Themenband Ökologie*, London: Pearson.

Combe, A. / Gebhard, U. (2007): *Sinn und Erfahrung: Zum Verständnis fachlicher Lernprozesse in der Schule*, Bd. 20: *Studien zur Bildungsgangforschung*, Leverkusen-Opladen: Barbara Budrich.

Duit, R. (1992): "Forschungen zur Bedeutung vorunterrichtlicher Vorstellungen für das Erlernen der Naturwissenschaften", in: Riquarts, K. / Dierks, W. / Duit, R. / Eulefeld, G. / Haft, H. / Stork, H. (eds.): *Naturwissenschaftliche Bildung in der Bundesrepublik Deutschland*, Bd. 4: *Aktuelle Fragestellungen in der naturwissenschaftlichen Bildung Teil 2*, Kiel: IPN, 47-84.

Gebhard, U. (1999b): "Länger leben hat schon seine Vorteile. Gentechnik im Bewusstsein von Jugendlichen", in: Heymann, H.-W. / Kattmann, U. / Otto, G. / Stäudel, L. /Weiberg, G. (eds.): *Friedrich Jahresheft Mensch -Natur - Technik*, Velber: Friedrich, 90-94.

Gropengießer, H. (1997c): *Didaktische Rekonstruktion des Sehens. Wissenschaftliche Theorien und die Sicht der Schüler in der Perspektive der Vermittlung*, Bd.1: *Beiträge zur Didaktischen Rekonstruktion*, Carl von Ossietzky-Universität, Zentrum für pädagogische Berufspraxis, Oldenburg.

Hangartner, A. (2002): *Waldethik*, München: Utz.

Hiepe, T. / Lucius, R. / Gottstein, B. (2006): *Allgemeine Parasitologie: mit den Grundzügen der Immunologie, Diagnostik und Bekämpfung*, Taunus: Parey.

Höttecke, D. (2007): *Naturwissenschaftlicher Unterricht im internationalen Vergleich. Gesellschaft für Didaktik der Chemie und Physik,* Jahrestagung in Bern 2006, Münster: LIT.

Kattmann, U. / Gropengießer, H. (1996): "Modellierung der didaktischen Rekonstruktion", in: Duit, R. / v. Rhöneck, C. (eds.): *Lernen in den Naturwissenschaften*, Kiel: IPN, 180-204.

Kattmann, U. / Duit, R. / Gropengießer, H. / Komorek, M. (1997): "Das Modell der Didaktischen Rekonstruktion", in: Duit, R. / Labudde, P. / Mayer, J. / Möller, K. / Neumann, K. / Prechtl, H. / Rumann, S. / Schanze, S. / Sumfleth, E. / Wiesner, H. (eds.): Heft 3: *Zeitschrift für Didaktik der Naturwissenschaften*, 3-18.

Krüger, D. (2007): "Die Conceptual Change-Theorie", in: Krüger, D. / Vogt, H. (eds.): *Theorien in der biologiedidaktischen Forschung*, Berlin: Springer, 81-92.

Kuhn, T. (1996): *Die Struktur wissenschaftlicher Revolutionen*, Berlin: Suhrkamp.

Möller, K. (2007): "Genetisches Lernen und Conceptual Change", in: Kahlert, J. (eds.): *Handbuch Didaktik des Sachunterrichts*, Bad Heilbrunn: Klinkhardt, 258-266.

Radecke, H.-D. / Teufel, L. (2010): *Was zu bezweifeln war. Die Lüge von der objektiven Wissenschaft*, München: Droemer.

Stockley, C. / Oxlade, C. / Wertheim, J. / Johnson, F. (2007): *Tessloffs Schülerlexikon Biologie, Chemie, Physik*, Nürnberg: Tessloff.

Internetquellen:

Bundesamt für Naturschutz (o. J.): *Die Vielfalt der Ökosysteme*. Verfügbar unter: www.naturdetektive.de/natdet-201221-oekosystemvielfalt.html [aufgerufen am 01.02.2013]

Freie und Hansestadt Hamburg – Behörde für Schule und Berufsbildung (2011): *Bildungsplan Gymnasium Sekundarstufe I Biologie*. Verfügbar unter: http://www.mint-hamburg.de/rahmenplaene/Biologie_Gym.pdf [aufgerufen am 10.02.2013]

Monetha, S. (2006): *Der Einfluss von Schülervorstellungen auf das Lernen*. Verfügbar unter: http://www.bcp.fu-berlin.de/biologie/arbeitsgruppen/didaktik/Erkenntnisweg/2006/2006_08_Monetha.pdf. [aufgerufen am 01.02.2013]

Naturschutzbund Deutschland (2013): *Umweltbildung*. Verfügbar unter: http://hamburg.nabu.de/projekte/umweltbildung/index.html [aufgerufen am 01.02.2013]

Rotenburger Rundschau (2009): *Müll im Wald gefährdet Tiere*. Verfügbar unter: http://www.rotenburger-rundschau.de/redaktion/redaktion/aktuell/data_anzeigen.php?dataid=73580 [aufgerufen am 01.02.2013]

Universität Oldenburg (2012): Didaktische Rekonstruktion. Verfügbar unter: www.staff.uni-oldenburg.de/ulrich.kattmann/32174.html [aufgerufen am 01.02.2013]